Japanese Cuisine

Japanese Cuisine

Japanese Cuisine

Japanese Cuisine

輕鬆作超好吃の

日式素料理

50道經典和風素食食譜

素食名廚・陳穎仁——著

暢銷新版

台灣自早年起就受到日本飲食文化的影響，作者在十多年前，也因巧合的機緣下和日本多位廚師、餐飲學校的教授，同在一間廚房內進行廚藝的切磋與交流；從初次到多次的接觸，讓我對日本料理有更深入的瞭解與認識。

　　日式料理中以懷石料理、精進料理享譽國際，其從刀工的切割、高湯的烹煮、滷煮菜的過程、燒烤的步驟、蒸的、炸的、飯、壽司……都非常講究，按部就班、絕不馬虎，這正是日本廚師們對料理認真與執著的態度，也是日本美食文化能紅遍全球的關鍵。

　　日本料理中有很多菜色，不但口感極佳，也相當清爽，而這些食材都是經過非常嚴謹的調料醃製而成，且方法非常獨特，例如：以昆布上下覆蓋、烤醃黃瓜，使其入味，還有以味噌袋上下覆蓋的醃漬，其味道都非常獨特。而這些日本料理的醃汁、醃醬、煮滷

汁、燒烤醬……都是事前特別烹煮準備的，心思之細膩，材料之講究，才能作出如此美味的佳餚。

作者在此更要特別介紹日式料理中重要的調味料之一「味醂」。「味醂」是介於酒與醋的發酵過程中的（中段）產物，單獨品嚐它，並沒有特別的味道，淡淡的香，淡淡的酸，但是和其他調味料配在一起，就不一樣了，因為它的分子小，穿透力強，可使食材在很短的時間內就能烹煮入味，可說是廚師的一大幫手。

在本書中，我將日式菜餚的作法略進行濃縮，成為簡單操作的素食料理，從刀工、擺飾、排法、前菜、醃汁、前菜拼盤、高湯的煮法、甜醋的調配、燒烤醬汁熬煮、壽司米飯的煮法……都做了詳細的介紹與說明，希望能藉此讓讀者對日本料理有更深一層的認識。

作者　陳穎仁

Contents

素鮪魚生魚片

■ 材料

素鮪魚生魚片 …………1片	海帶芽 ……………… 5公克
白蘿蔔 …………………1段	小黃瓜 ……………… 半條
生薑 ……………………1塊	美生菜 ……………… 少許
山葵 ……………………1根	

■ 調味料

A 甜醋 ……1大匙

甜醋製作

　白醋 ……2大匙

　水 ……2大匙

　砂糖 ……1大匙

　鹽 ……少許

　（煮沸後冷卻即成）

白芝麻 ……少許

B 沾醬

沾醬製作

　香菇醬油 ……1大匙

　味醂 ……⅓大匙

　（調勻後即成沾醬）

■ 作法

1. 白蘿蔔洗淨後去皮、刨成絲，泡入冰水中，待脆時撈出，瀝乾水分。

2. 山葵與生薑（也可擇一）洗淨後磨成泥，堆成山形。

3. 海帶芽（或小黃瓜，需切片）洗淨、泡水，瀝乾後拌入調味料A。

4. 素鮪魚切成0.5公分厚片。

5. 依序排上白蘿蔔絲、素鮪魚，兩邊放生薑泥或山葵泥，也可在其間點綴海帶芽或黃瓜片，附上沾醬即可上桌。

Advice 若買不到新鮮的山葵，可使用山葵粉代替，以「粉：水=2：1」的比例調勻即可。本道料理中的配菜可依喜好選擇使用。

山葵

山葵不但具有防腐、殺菌、健胃的功效，還可減緩疼痛、促進發汗……在食材上搭配少許的山葵，可以促進食欲，但患有十二指腸潰瘍者不宜食用。

素旗魚生魚片

■ 材料

素旗魚生魚片	1片	山葵	1根
小黃瓜	1條	裝飾用小菊花	1朵
綠紫蘇	1片	巴西利	1小朵
紫色高麗菜葉	2片	紫色美生菜	1片

■ 沾醬（以下材料拌勻製成沾醬）

昆布醬油	2大匙	味醂	½大匙

■ 作法

1. 小黃瓜、紫色高麗菜葉，洗淨後切絲，分開泡入冰水中，待脆後撈出，瀝乾水分。

2. 山葵洗淨，磨成泥，作成小山狀。

3. 旗魚切半公分厚片，刀工要整齊。

4. 排列順序以色澤鮮豔為主，小黃瓜絲墊底，鋪上綠紫蘇，擺入素旗魚片，兩旁放入巴西利與紫色美生菜，在紫色美生菜上擺山葵泥，中間放入紫色高麗菜，最後插上一朵菊花，增添菜餚美觀，促進食欲。生魚片擺在最上面，附上沾醬即可。

Advice 單樣的生魚片所搭配的蔬菜要選擇新鮮度很高的材料，色澤要鮮豔，這樣才有加分的效果。

紫色高麗菜

又名紫甘藍。含有豐富的維生素C、大量的維生素E和維生素B及花青前素與纖維素等。可生食也可炒食，但生食能保持較多的營養成分。

黃瓜

果肉富含維他命C，水分含量高達百分之九十，為高纖、低熱量、高飽足感的食材。

素鮭魚生魚片

■ 材料

素鮭魚 ······················1片　　　醃薑 ·······················1塊

燒海苔 ······················1張　　　山葵 ·······················1根

白蘿蔔 ······················1塊　　　綠捲鬚 ·····················少許

綠紫蘇葉 ··················1片　　　櫻桃蘿蔔 ·················1個

■ 沾醬

香菇醬油 ················2大匙

■ 作法

1. 白蘿蔔洗淨後去皮，刨成絲，泡入冰水中，待脆時撈出，瀝乾水分。

2. 醃薑切薄片；山葵洗淨後磨成泥，堆成山形。

3. 素鮭魚橫切為二，擦乾水分，貼上燒海苔，另一片素鮭魚切成條狀時，不可使素鮭魚與燒海苔分開。

4. 先放上白蘿蔔絲，鋪上綠紫蘇葉，擺上素鮭魚條，再放上綠捲鬚、櫻桃蘿蔔、山葵泥及醃薑片，附上醬汁即可上桌。

Advice 若覺得素鮭魚與燒海苔易分開，不好操作，也可將素鮭魚先切條，整條以燒海苔包捲後再斜切，也非常美觀。

紫蘇

富含維生素和礦物質，有良好的抗炎功能，可為其他食材保鮮和殺菌。青紫蘇口感較嫩，適合生食，可搭配生魚片、壽司或與其他蔬菜製成生菜沙拉；紅紫蘇則適宜醃漬。

蒟蒻素雙魷

■ 材料

紅、白魷魚捲	各6片	美生菜	少許
紫色高麗菜葉	2片	巴西利	少許
薑	1塊	楓葉	1片
山葵	1根	薄荷	少許

■ 沾醬（以下材料拌勻製成沾醬）

醬油膏	2大匙	細糖	½大匙
味醂	1大匙	白醋	1大匙

■ 作法

1. 紫色高麗洗淨後切細絲，泡入冰水中，待脆撈出，瀝乾水分。
2. 薑與山葵洗淨後磨成泥，分別推成山形。
3. 調味醬調勻後，分成兩份，方便調入薑與山葵。
4. 紅、白魷魚捲，以開水汆燙去腥味，漂涼。
5. 紫色高麗菜絲墊底，周邊放入美生菜、巴西利、楓葉，再擺入紅、白魷魚片，排列整齊，中央擺入薄荷，使料理更為美觀。附上沾醬即可上桌。

Advice 這道菜也可熱食，蒟蒻會更脆。沾醬一小盤調入薑泥，另一小盤調入山葵，各有不同風味。

薄荷

薄荷的氣味具有安撫低落情緒、振奮精神，令人產生愉快與平和的作用。加入飲食中更有消除疲勞、幫助睡眠、治療感冒頭痛、去除體內多於油脂等功效。但薄荷也有抑制乳汁的作用，所以懷孕及授乳其間最好不要使用。

三合拼盤

■ 材料

素鮪魚	1片	山葵	1根
素旗魚	1片	小黃菊	1朵
原色蒟蒻	1片	甜醋汁	1大匙
白蘿蔔	1塊	白芝麻	少許
綠紫蘇葉	1片	金桔	半個
海帶芽	3公克		

■ 沾醬（以下材料拌勻製成沾醬）

香菇醬油	2大匙	味醂	⅓大匙

■ 作法

1. 白蘿蔔洗淨後去皮、刨成絲，泡入冰水中，待脆時撈出，瀝乾水分。

2. 海帶芽泡水約五分鐘，瀝乾水分後拌入一大匙甜醋汁及少許白芝麻。

3. 山葵洗淨後磨成泥，堆成山形。

4. 蒟蒻汆燙後漂涼，切成細條狀。

5. 依序擺上白蘿蔔絲、綠紫蘇葉、素鮪魚片、蒟蒻條、海帶芽、素旗魚片、山葵泥，再插上小黃菊，放上半個金桔，附上沾醬即可上桌。

Advice 這種擺法強調刀工及色澤的對比，能增加整體的美觀，建議選擇長方形的器皿盛裝，可使菜餚更出色。

海帶芽

又名海芥菜、裙帶菜。內含多種營養成分，其中含有可溶性纖維，較一般纖維更易吸收消化，特別適合排便不順者。藻聚糖不但能降低膽固醇，還能預防血液凝固，防止形成血栓，減少心肌梗塞發生的可能性。低熱量、富含膠質，被視為健康、天然的美容食品。

金桔

又名金柑、金棗。金桔的維生素C絕大部分都存於果皮中，且果皮對眼睛、免疫系統等保健皆具功效。時常食用金桔能預防感冒、血管硬化等疾病。但空腹或飯前不宜食用，因金桔內的有機酸會刺激胃部，造成不適。

生魚片拼盤

■ 材料

素鮭魚 ·····················1片
素鮪魚 ·····················1片
素旗魚 ·····················1片
素鮑魚 ·····················半個
蒟蒻花枝 ·················2片
椰果素軟絲 ·············1包
白蘿蔔 ·····················1塊

海帶芽 ·················· 5公克
山葵 ·······················1根
小黃菊 ·····················1朵
紫色高麗菜葉 ·············2片
醃薑 ······················· 1塊
櫻桃蘿蔔 ·················1個

■ 沾醬

A 香菇醬油 ·····2大匙
　味醂 ·····¹⁄₃大匙
　（拌勻製成沾醬）

B 醬油膏 ·····2大匙
　味醂 ·····¹⁄₂大匙
　細糖 ·····¹⁄₂大匙
　白醋 ·····1大匙
　（拌勻製成沾醬）

C 甜醋汁 ·····1大匙
　白芝麻 ·····少許

■ 作法

1. 白蘿蔔、紫色高麗菜洗淨後切細絲，泡入冰水中，待脆撈出，瀝乾水分。

2. 醃薑切薄片，山葵洗淨後磨成泥，分別堆成山形。

3. 海帶芽泡水五分鐘，瀝乾水分後拌入一大匙甜醋汁及少許白芝麻。

4. 蒟蒻汆燙去腥、漂涼；椰果軟絲瀝乾汁液。

5. 其他材料切成厚片，依照顏色區分搭配擺盤，再把櫻桃蘿蔔、醃薑及山葵泥擺上，附上兩種沾醬（沾醬A、B）即可上桌。

Advice 擺盤要美觀大方，才能突顯每一種食材的新鮮感，刀工也要整齊，不可大小不一。

櫻桃蘿蔔

櫻桃蘿蔔成小球狀，紅皮白心，少了辛辣，多了爽脆。水分含量較高，維生素C為番茄的三至四倍，亦含有較高的礦物質元素。可用於製作生菜沙拉或醃漬小菜。但與水果同時食用易誘發甲狀腺腫大，所以請錯開食用時間。

芥末茄子

■ **材料**

日本茄子 ·············300公克　　　紅辣椒 ·······················1根

■ **調味料**

A 鹽······1大匙
│ 水······1杯
B 芥末醬······1大匙
│ 芥末粉······1匙
│ 水······¾大匙
（拌勻製成沾醬）
白醋······1大匙
鹽·····⅓大匙
糖·····½大匙
味醂·····1大匙

■ **作法**

1. 茄子洗淨，縱切為四，再橫切，每段長約四公分，浸泡在調味料A中，拌勻後泡約十五分鐘。
2. 充分拌勻調味料B。
3. 取出茄子瀝乾水分，拌入作法2的調味料B，攪拌均勻後，裝入保鮮盒放入冰箱裡一個晚上，隔天取出即可食用。

Advice 若買不到日本茄子，也可使用台灣產的茄子來料理，建議選擇較軟且有彈性、有光澤、無籽的茄子。置入冰箱後，偶爾上下翻動一下，入味較均勻。

日本茄子

呈深紫色，且外表肥大。在富含維他命E、P的茄子中，又以紫皮茄子的含量最高；蛋白質和鈣質則比番茄高出三倍之多。主要功效在於強化血管、降膽固醇、防止動脈硬化等。但患有氣喘或脾胃虛寒者不宜多吃。

味噌山藥

■ 材料

山藥	300公克	綠捲鬚	少許
炒熟白芝麻	1匙	紫色美生菜	少許
辣椒絲	少許	巴西利	少許

■ 調味料

A 鹽……1大匙
│水……2杯
B 水果醋……2大匙
│橄欖油……1大匙
│味噌……1大匙

■ 作法

1. 充分拌勻調味料A，使鹽溶於水。
2. 山藥洗淨、去皮切成約4公分長條，放入作法1的調味料A中浸泡，洗去黏液。
3. 調勻調味料B，味噌要完全化開。
4. 撈出作法2的山藥瀝乾水分，加入作法1醃三十分鐘，最後取出盛盤，撒上白芝麻即可。
5. 先將綠捲鬚、紫色美生菜、巴西利擺入盤中，再把山藥放入盤中，上面放入辣椒絲點綴即可。

 Advice 山藥水分若無法瀝乾，可使用廚房用紙巾擦乾，這樣才容易入味。

山藥

山藥的黏液富含糖蛋白質，含有消化酵素，且其消化酵素易被人體吸收，可消除疲勞，滋補身體。但由於消化酵素很容易氧化，烹調後最好立即食用，且過高的溫度會使酵素喪失其功效，而生食則能減少營養成分的流失。

辣椒

又名辣子、辣茄。能刺激唾液分泌，增進食欲，促進血液循環，提振精神。富含蛋白質、胡蘿蔔素、維生素A、維生素C，以及鈣、磷、鐵等物質，其中維生素C高達茄子的三十五倍。但過量食用易引起胃炎、腸炎等疾病。

味噌菜莖

■ **材料**

綠色花椰菜莖 ········ 200公克　　　紫色美生菜 ·············· 少許
紅甜椒 ·····················1個

■ **調味料**

味噌 ·····················2大匙　　　味醂 ·····················1大匙
砂糖 ·····················1大匙

■ **作法**

1. 去除綠色花椰菜莖粗厚的外皮，切約一公分輪圈狀、洗淨。
   紅甜椒，洗淨切塊狀。兩者一起放入開水中快速汆燙，取出
   冷卻。
2. 拌勻調味料製成醬汁。
3. 將作法1的綠色花椰菜莖與甜椒加入作法2的調味料，充分拌
   勻，置入保鮮盒放入冰箱內約三小時後取出，即可食用。
4. 盤子先鋪上紫色美生菜，再把綠色花椰菜莖、紅甜椒擺上，
   食用時可再次淋上醬汁。

Advice 這種作法同時可運用在大頭菜、豆薯及白蘿蔔上。

紫色美生菜

生菜不但含水量極高，更富含B族維生素和維生
素C、E等，亦有高含量的膳食纖維與多種礦物
質。多吃生菜有助於促進胃腸的血液循環，對消
化系統頗有裨益。

香桔漬蓮藕

■ 材料

蓮藕······················ 200公克　　香橙皮···················· 半個

胡蘿蔔·················· 50公克　　生菜（萵苣菜）··············1片

■ 調味料

A 鹽······½大匙

B 米醋······4大匙

　糖······2大匙

　味醂······1大匙

■ 作法

1. 蓮藕去皮，切約半公分片狀泡在水中。

2. 撈出作法1的蓮藕，放入開水快速汆燙取出待涼。

3. 胡蘿蔔切圓片狀與作法2的蓮藕拌入調味料A，約十分鐘後再搓揉一次。

4. 調味料B放入鍋中，以小火煮至糖完全溶化，待冷卻。

5. 香橙皮切絲，加入藕片、胡蘿蔔片、調味料，充分拌勻，醃上三十分鐘，即可食用。

6. 以生菜鋪底後，放入胡蘿蔔片墊底，再放入蓮藕片，最後把香橙絲點綴於上方，讓菜餚有不同層次的口感。

Advice 此道菜也可使用金桔皮，亦可以葡萄柚皮或柳橙皮代替，蓮藕選擇較嫩的部位，才不會太老。

蓮藕

含有澱粉、蛋白質、維生素C、B1及鈣、磷、鐵等無機鹽等各種養分。因在澱粉的包裹保護下，即使被煮熟，也完全不會損耗其內部養分。且其具有多種抗氧化成分，也可避免身體受到活性氧的傷害。

素蝦軟絲壽司

■ **材料**

山藥 …………………… 100公克	白蘿蔔 …………………… 1塊
蛋黃 ……………………… 5個	紫色高麗菜絲 ………… 少許
素蝦 ……………………… 5隻	巴西利 …………………… 少許
素軟絲 …………………… 5片	生菜(萵苣菜、綠捲鬚) …… 少許
山葵 ……………………… 1根	金桔 …………………… 半個
綠紫蘇 …………………… 1片	

■ **調味料**

A 壽司醋 ………1又½大匙　　**B** 昆布醬油 …………2大匙

■ **作法**

1. 山藥洗淨、去皮、切片,燙熟後搗成泥;白蘿蔔切絲,泡冷開水;山葵洗淨後磨成泥。

2. 蛋黃蒸熟,搗成泥。

3. 將調味料A加入搗成泥的山藥及蛋黃中,拌勻成具有可塑性的泥狀。

4. 素蝦橫切片取其紅色部位,素軟絲以開水漂洗。

5. 竹簾上鋪上保鮮膜,把素蝦及素軟絲交互並排整齊,把山藥泥放在上面,連同保鮮膜一起捲起,再切成小段即為壽司。

6. 底盤鋪上生菜、紫色高麗菜絲墊底,將素蝦、軟絲壽司擺入空隙內後,再把白蘿蔔絲、金桔、山葵泥、巴西利置入盤中,使料盤更加豐富。

Advice 山藥燙熟後要把水分擦乾,以免水分過多而無法成形。

綠捲鬚(羊齒菜)

綠捲鬚又名為綠捲鬚生菜、綠捲鬚葉萵苣,屬於葉萵苣種類中不結球萵苣型。可以生食或製成生菜沙拉,亦適合煮食。雖略帶苦味,但口感不錯。

鮮菇夾

■ 材料

香菇	10朵	素魚子	100公克
素鮪魚醬	1罐	綠捲鬚	少許
雞蛋豆腐	半盒	紫色高麗菜絲	少許

■ 調味料

A 胡椒粉……½大匙
　太白粉……½大匙
B 昆布高湯……1杯
　　　　（240cc）
　醬油……1又½大匙
　味醂……1又½大匙
　糖……少許

■ 作法

1. 素魚子切小丁，加入素鮪魚醬與豆腐拌成泥，加入調味料A作成餡料。

2. 香菇去蒂、洗淨，中間放入作法1的餡料對夾成菇盒狀。

3. 將作法2放入烤箱，以200℃烤十五分鐘後取出。

4. 煮開調味料B。

5. 再將作法3放入煮開的調味料B中煮至入味。

6. 食用時對切擺盤即可。

7. 以綠捲鬚、紫色高麗菜作為盤飾。

Advice 昆布高湯的作法如下：昆布30公克、甜玉米1根、黃豆芽2兩、水1公升，材料放入冷水中以大火煮開後，撈出昆布轉小火，續煮二十分鐘，撈出所有材料冷卻，可冰存冷藏兩天。

香菇

又名冬菇。平日多食不但可強身預防流感，還可消褪色斑、緊實肌膚，達到抗老美容的效果。清洗香菇時，不可使用熱水發香菇，要先以冷水浸泡後，再輕輕洗淨，最後才以溫水浸泡洗淨的香菇。

芝麻核桃菜心

■ 材料

青花筍 ···················6根　　烤熟核桃 ············· 100公克
白芝麻 ···················1大匙

■ 調味料

A 高湯 ······1杯
　 淡色醬油 ······1大匙
　 味醂 ······1大匙
B 鹽 ······¼大匙
　 細糖 ······½大匙

■ 作法

1. 白芝麻炒香，核桃磨成粗粒狀，拌入調味料B。
2. 煮勻調味料A，放涼。
3. 青花筍去外葉修成小菜心狀，洗淨後以開水汆燙，取出直接泡入煮勻的調味料A中（作法2），泡十分鐘取出，擦乾水分。
4. 再拌入作法1的芝麻與核桃粒，拌勻即可。

Advice 也可使用油菜花心及芥蘭菜花心如法炮製，味道也不錯。

青花筍

又名美國花菜、花菜苔。纖維多、熱量低，適合糖尿病患食用，且內含多種營養成分，豐富的鈣質可防止骨質疏鬆，鐵質可幫助造血，有預防貧血之效，且維生素C含量更為檸檬的兩倍⋯⋯但凝血功能異常者，不宜多食。

山藥泥黑豆

■ 材料

山藥 ···················· 150公克   蠶豆瓣 ················ 100公克

蜜黑豆 ················ 100公克

■ 調味料

蜂蜜 ······················1大匙

■ 作法

1. 山藥洗淨、去皮、切片燙熟，搗成泥待冷卻。

2. 將冷卻後的山藥拌入蜂蜜，拌匀。

3. 將蜜黑豆濾掉汁液，與作法2的山藥拌匀。

4. 蠶豆瓣燙熟，泡冰水冷卻，瀝水後，擺入盤底，再擺上作法3的山藥泥黑豆，即可食用。食用時山藥泥可作造型，例如可使用挖冰淇淋器挖成球狀再裝飾即可。

Advice 此道菜也可改用毛豆、黃豆或蠶豆，但這些材料必須先以糖蜜煮過方可替代。

蠶豆瓣

又名佛豆、胡豆。含有豐富的蛋白質、膳食纖維、維生素B、C、鈣、鋅、磷脂等，有助於健腦增強記憶力，延緩動脈硬化，降低膽固醇、促進腸胃蠕動等，但蠶豆症的患者不可食用。

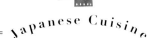

干貝乳酪捲

■ 材料

素干貝醬	⋯⋯⋯⋯⋯1罐	巴西利	⋯⋯⋯⋯⋯⋯ 少許
雞蛋豆腐	⋯⋯⋯⋯⋯ 半盒	紅甜椒	⋯⋯⋯⋯⋯⋯ 半個
煙燻乳酪	⋯⋯⋯⋯⋯1塊		

■ 沾醬

優格（原味）⋯⋯⋯⋯⋯1罐

■ 作法

1. 將素干貝醬加入雞蛋豆腐，拌勻成泥狀。
2. 整塊乳酪可以模具壓成長條花形，或切成長條形。
3. 竹簾鋪上保鮮膜，將作法1的干貝醬泥均勻鋪平，再把乳酪放在中間捲緊，一定要捲緊才不會鬆散。
4. 將乳酪捲的保鮮膜拿掉，改包錫箔紙，包緊後放入烤箱以250℃烤八分鐘，取出後切段即可。再以巴西利、紅甜椒切花擺盤。

Advice 若買不到整塊的煙燻乳酪，也可買小條形或片裝的取代。

胡蘿蔔

含有極豐富的胡蘿蔔素，當胡蘿蔔素進入人體後，即可轉化為維生素A，可調節新陳代謝，防止呼吸道感染，增強抵抗力。但炒煮胡蘿蔔時，不宜加入過量的醋，否則會破壞胡蘿蔔原有的胡蘿蔔素。

巴西利

又名歐芹、荷蘭芹。維生素、礦物質均豐富，不但可作為裝飾擺盤、沙拉用菜，也可用於魚、肉烹調或作為藥用；但巴西利略帶苦味，所以用量不宜過多。

香鬆壽司

■ 材料

壽司米	1杯半(量米杯)	生菜	1片
味島香鬆	2大匙	巴西利	少許
素香鬆	2大匙	紫高麗菜	少許
甜醋薑	1塊	金桔	半個

■ 調味料

壽司醋 ················· 5大匙

■ 作法

1. 將壽司米洗淨浸泡三十分鐘,放入電鍋中煮熟,開關跳起後不掀鍋,先燜十分鐘,拔掉電源後再燜十分鐘,取出後拌入壽司醋,一邊拌一邊以電扇吹涼至拌勻為止。

2. 味島香鬆加入作法1的米飯中,拌勻,放在模形盒上鋪平,最上層撒上素香鬆,再把蓋子蓋上壓緊。

3. 取出排盤,附上切薄片的甜醋薑,並放上生菜、巴西利、紫色高麗菜、金桔作為盤飾。

Advice 如果沒有模具,也可使用捲簾,先鋪上保鮮膜,放上拌好的壽司飯,捲緊再鬆開,放上素香鬆後再次捲緊即可。

甜醋薑

可購買市售的甜醋薑或將薑片醃漬於白醋、白糖內攪拌均勻。由於壽司多使用生冷的食材,搭配甜醋薑可達到殺菌與保持口感新鮮的功效。

芥末蒟蒻捲

■ 材料

長方形蒟蒻 ·················2片　　裝飾用小黃菊 ············1朵

過貓菜 ····················1把　　裝飾用高麗菜絲 ········少許

干瓢 ······················2條

■ 調味料

高湯 ·····················2杯　　味醂 ·················3大匙

淡色醬油 ················3大匙

■ 沾醬（以下材料拌勻為沾醬）

日式芥末醬（黃色）·····2大匙　　味醂 ·················½大匙

白味噌 ··················1大匙　　白醋 ·················1大匙

■ 作法

1. 蒟蒻橫切為二，汆燙至無腥味，依循直切方向切出紋路。

2. 過貓菜取嫩的部分汆燙、漂涼，瀝乾水分。

3. 蒟蒻捲入過貓菜，捲緊再以干瓢綁緊，浸泡在調味料裡。

4. 取出作法3的干瓢捲，切段附上沾醬（先拌勻）即可。以紫色高麗菜絲及小黃菊作為盤飾。

Advice 為防止蒟蒻鬆脫，切段時不要將干瓢切斷。

過貓菜

又名過山貓、過溝菜、鳳尾菜。具有滋補養顏、清熱解毒、利尿、促進發育及造血作用。涼拌、熱炒皆可，但在烹煮過貓菜時，要先以開水熱燙過，才可消除原有的刮舌感。

味噌小黃瓜

■ 材料

小黃瓜 ········1斤　　　大片昆布 ········2片
（選擇較小條的）　　　（約15公分長）
白芝麻 ········1大匙

■ 調味料

鹽 ········1大匙

■ 沾醬（以下材料拌勻為沾醬）

紅味噌 ········1大匙　　　味醂 ········1大匙
糖 ········ ½大匙

■ 作法

1. 小黃瓜洗淨、去頭尾，以調味料醃漬，使之軟化。
2. 洗淨昆布，沖水使其軟化。
3. 長方形深盤下鋪上昆布一片，中間放小黃瓜，上面再鋪一片昆布，最上面以重物壓住後移入冰箱，冷藏約四小時。
4. 取出冷藏的小黃瓜，洗淨、切三段，撒入白芝麻，附上沾醬即可。

Advice 若要使小黃瓜更快滲入昆布的濃味，可在壓置前將小黃瓜兩面以刀輕切數刀，就可以快速入味。

芝麻

又名胡麻。芝麻的主要成分雖然是脂肪，但其成分以多元不飽和脂肪酸為主，飽和脂肪酸只占一小部分，因而有利於控制血脂肪，並具有預防動脈硬化的功效。但其熱量較高，不宜食用過多。

海苔素捲

■ 材料

燒海苔	2張	馬鈴薯	1個
素蟹肉棒	5條	青豆仁	50公克
雞蛋	3個		

■ 調味料

鹽	1大匙	油	少許
味酥	½大匙		

■ 作法

1. 馬鈴薯洗淨,去皮後切片,蒸熟搗成泥。

2. 素蟹肉棒剝成細絲,加入雞蛋拌勻調味。

3. 開小火將作法2慢慢炒成糊狀,倒入馬鈴薯泥及青豆仁續炒,拌勻後取出。

4. 使用竹簾將作法3捲成條棒狀,再以燒海苔捲緊,放入平底鍋內,乾煎烤至香味溢出時熄火取出,切成一公分厚圓片即可。

Advice 蛋不可炒太熟,成塊就不容易包捲了。

▌馬鈴薯

又名洋芋。富含蛋白質、維生素B1、B2、C與磷、鈣……可改善失眠、健忘、疲勞。可作為蔬菜或主食,但在料理前要仔細觀看馬鈴薯外皮,是否有無發芽及芽斑、色澤是否正常。

▌青豆仁

又名豌豆、荷蘭豆。豐富的粗纖維,可促進大腸蠕動,具有清潔大腸的功效。優質蛋白質可增強身體免疫力。鈣質與維生素則適合糖尿病患食用。

柳松搭白玉醬

■ 材料

柳松菇 ················· 300公克
板豆腐 ····················· 1塊
白芝麻 ····················· 1大匙

綠捲鬚 ····················· 少許
紫色高麗菜絲 ············ 少許
紅甜椒 ····················· ¼個

■ 調味料

A 高湯 ······1杯
　白醬油 ······1大匙
　味醂 ······1大匙
B 糖 ······⅔大匙
　鹽 ······½大匙
　味醂 ······1大匙
　醋 ······1又½大匙

■ 作法

1. 柳松菇去蒂、洗淨，以開水汆燙，不必漂涼。

2. 煮勻調味料A待涼，放進作法1的柳松菇浸泡兩小時。

3. 將白芝麻研磨成細小顆粒，加入豆腐及調味料B，繼續研磨製成拌醬。紅甜椒切碎一起拌入。

4. 取出浸泡的柳松菇，瀝乾湯汁，拌入作法3的醬料，拌勻即可。以綠捲鬚、紫色高麗菜絲作為盤飾。

Advice 此道菜也可使用香菇、松茸、蘑菇如法炮製，加一點檸檬汁味道會更棒。

柳松菇

豐富的纖維可刺激腸胃蠕動，幫助消除便祕，降低血液中的膽固醇含量。香味獨特、菇柄脆嫩，即便久煮也不失其脆度。

蛋黃醬拌五色蔬果

■ 材料

胡蘿蔔 ················· 50公克	蘋果 ······················1個
小黃瓜 ·····················1條	溫泉蛋黃 ··················2個
竹筍 ·······················1塊	紫色美生菜 ··············少許
香菇 ·······················3朵	巴西利 ··················少許

■ 調味料

白味噌 ·················1大匙	味醂 ·····················1大匙

■ 作法

1. 蘋果洗淨、去皮、去籽,切小丁泡鹽水。
2. 香菇洗淨、去蒂後切丁;胡蘿蔔去皮、洗淨後切丁;竹筍去殼、洗淨後切丁;小黃瓜洗淨後切丁。
3. 以開水汆燙作法2的材料,燙熟後取出,瀝乾水分。
4. 將溫泉蛋黃加入調味料,拌勻製成拌醬。
5. 將作法2與4的材料放進盆內,加入拌醬拌勻,再使用挖冰器挖成球形,擺盤即可。以紫色美生菜、巴西利作為盤飾。

Advice 五色蔬果可隨性搭配,只要色澤豔麗即可。

竹筍

因低熱量、低脂肪的特性,被視為減肥的聖品。且內含大量的粗纖維、膳食纖維,有益於腸胃蠕動,更可預防大腸癌。但腸胃弱、消化功能不佳者,食用過多竹筍則會產生悶脹等不適感。

蘋果

蘋果含有最多果糖,屬於可溶性纖維,可促進代謝,降低膽固醇,將脂肪排出體外。亦含能擴張血管的微量元素鉀,高血壓患者可長期食用。

日式百合燒

■ **材料**

百合 ⋯⋯⋯2顆（選擇大片的）　　紅甜椒⋯⋯⋯⋯⋯⋯⋯⋯ 半個

青花筍⋯⋯⋯⋯⋯⋯⋯⋯ 少許

■ **調味料**

高湯 ⋯⋯⋯⋯⋯⋯⋯⋯⋯ 2杯　　味醂 ⋯⋯⋯⋯⋯⋯⋯⋯⋯ 3大匙

淡色醬油 ⋯⋯⋯⋯⋯⋯ 3大匙

■ **作法**

1. 百合先洗淨、剝開，再把瓣片修切整齊。

2. 先將百合放入烤箱，以250℃烤出焦黃色後取出。

3. 調味湯汁煮開，放入百合，以小火煮至入味即可。

4. 青花筍去外葉修成小菜心狀；紅甜椒洗淨，去籽、切條。

5. 紅甜椒與青花筍汆燙排盤作為盤飾。

Advice 建議選擇日本進口的百合，百合根果肉較大、較厚，比較耐煮，而且好吃。

紅甜椒

含大量的椒紅素，不但具有抗氧化、活化體內細胞的功效，還可增加血液中良好的膽固醇，強健血管，改善各種心血管疾病。此外，豐富的鈣、鐵、鎂、鉀等元素，更有助於腸胃蠕動，進而緩解便祕。

素魚山藥薯

■ **材料**

山藥	150公克	素鱈魚漿	200公克
胡蘿蔔	30公克	甜醋薑	1塊
香菇	2朵	綠捲鬚	少許
竹筍	1塊	紫色美生菜	少許
青豆仁	30公克	海帶芽	少許

■ **調味料**

鹽	1大匙	澄粉	1大匙
味醂	1大匙		

■ **作法**

1. 山藥洗淨、去皮後切片，蒸熟搗成泥。

2. 胡蘿蔔洗淨、切小丁；竹筍洗淨、去殼、切小丁；香菇洗淨、去蒂後切丁。以上材料均燙熟。

3. 所有材料放入鋼盆內拌勻，加入調味料，再拌勻。

4. 取方形盤鋪上保鮮膜，將作法3的材料放上，鋪平後放入蒸籠，開中火蒸二十分鐘，取出待涼。

5. 食用時切成長方形或菱形，再以甜薑、綠捲鬚、紫色美生菜、海帶芽作為盤飾。

Advice 此道菜製作時也可加一顆蛋，一起拌入口感更好。蒸時切記不可大火，否則會使表面不平坦。

黃瓜素蟹捲

■ 材料

小黃瓜 ·····················4條　　素蟹肉棒 ·····················5條

雞蛋 ·····················8個　　薑 ·····················1塊

■ 調味料

A 鹽 ······½大匙

B 蛋黃 ······2個

　白醋 ······1又½大匙

　味醂 ······2大匙

　白醬油 ······½大匙

　鹽 ······少許

■ 作法

1. 雞蛋打勻加入調味料A，起油鍋，煎成蛋皮。

2. 小黃瓜洗淨、去頭尾，削切成薄片。

3. 薑切細絲後泡入水中；素蟹肉剝成絲狀。

4. 竹簾鋪上保鮮膜，先鋪上蛋皮，再把素蟹肉絲及薑絲平均鋪上，捲起，捲緊如壽司狀。

5. 調勻調味料B作為醬汁。

6. 將作法4的材料切成小段，擺盤時每段素蟹捲下方墊一片小黃瓜，最後淋上醬汁即可。

Advice 小黃瓜要選擇直一點的才好切，也可選擇大黃瓜。

薑

富含維生素A、C，能促進血液循環，刺激胃液分泌，增強新陳代謝。此外，薑的抗氧化作用為甘薯和馬鈴薯的十倍以上。

除了有消除脹氣及紓解消化不良的功效，在品嚐生冷食材時搭配食用，還具有去腥及殺菌的功效。

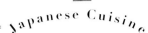
核桃醬蘆筍

■ 材料

大根蘆筍 ·············250公克	巴西利 ····················· 少許
熟核桃 ·················100公克	紫色高麗菜絲 ············· 少許
紅甜椒 ··················· 半個	小黃菊 ·····················1朵

■ 調味料

A 白醬油……1大匙
  味醂……1大匙
  酒釀……1大匙
B 高湯……1杯
  白醬油……2大匙
  味醂……2大匙

■ 作法

1. 研磨核桃，拌入調味料A成醬料。
2. 蘆筍洗淨，取花的前半段，切小段；紅甜椒洗淨、去籽，切與蘆筍大小相同，放入開水中燙熟即取出。
3. 調勻調味料B，倒入作法2的蘆筍及甜椒，浸泡三十分鐘取出，拌入作法1的醬料，盛盤即可。以巴西利、紫色高麗菜絲、小黃菊作為盤飾。

Advice 蘆筍要選擇較嫩的部分，口感比較好。

蘆筍

含有蛋白質、葉酸、維生素B、維生素C、膳食纖維及鉀、硒、磷、鋅等微量元素等，不含膽固醇和納，是良好的防癌、抗氧化食材。

市售蘆筍可分為綠色與白色兩種，綠蘆筍含有豐富的維生素A，清脆爽口；白蘆筍富含水分，口感則為甜嫩多汁。

炸芝麻牛蒡

■ 材料

牛蒡 ····················2根 高麗菜絲 ·············少許

黑芝麻 ·················1匙 楓葉 ····················2片

白蘿蔔 ·················1塊 紫菜 ····················少許

生菜 ··················少許 酥炸粉 ·················1杯

■ 沾醬（以下材料拌勻製成沾醬）

高湯 ··················3大匙 味醂 ····················1大匙

醬油 ··················1大匙

■ 作法

1. 牛蒡洗淨、去皮，切細絲泡水，三十分鐘後取出，瀝乾水分。

2. 將酥炸粉與¾杯水調勻，加入牛蒡絲及黑芝麻，拌勻，製成片狀，放入170℃的油鍋內炸酥。

3. 白蘿蔔磨成泥，調味料中加入紫菜，煮開即熄火作為沾醬。以生菜、高麗菜絲、楓葉作為盤飾。

4. 將作法2炸好的牛蒡絲擺盤，附上白蘿蔔泥及沾醬即可。

Advice 煮醬汁時不要滾太久，否則紫菜腥味會太重。

白蘿蔔

白蘿蔔有大量的維生素C及膳食纖維，且甘辛性涼，能解渴、利尿、開胃、幫助消化等功能；但體弱、胃寒、腹瀉者不宜多吃。

在挑選時，應選擇表面光滑、無裂痕、沒有空心或花心，葉柄新鮮無蟲害，根尖呈綠色且無鬚根者。

乾炸酥菜拼盤

■ 材料

地瓜 …………………… 100公克　　四季豆 …………………… 100公克

蓮藕 …………………… 100公克　　牛蒡 …………………… 100公克

胡蘿蔔 ………………… 100公克　　紫山藥 …………………… 100公克

■ 調味料

A 太白粉 ……………… 1大匙　　B 鹽 ………………………… 1大匙

■ 作法

1. 地瓜、蓮藕、胡蘿蔔、牛蒡、紫山藥均洗淨、去皮，切成不同形狀的片形，泡水洗淨再換乾淨的水，再泡十分鐘，取出後放在漏盆裡瀝乾水分。

2. 所有材料以太白粉拌勻，再拍掉多餘的太白粉。

3. 熱油鍋到160℃，開中火放入材料，一次最多炸兩種，慢慢炸至酥脆，炸乾水分。最後炸四季豆，油溫略高一點（約170℃），開大火，炸成翠綠色後立刻取出。

4. 所有材料以吸油紙吸掉多餘的油漬，趁熱撒上鹽後排盤即可。

Advice　一般使用的鹽比較潮濕，要先以乾鍋拌炒，使其乾爽，比較容易附著在食材上。

四季豆

又名玉豆、帶莢豌豆、敏豆。營養成分豐富，充分的蛋白質、膳食纖維和多種氨基酸，可促進消化，使排便順暢。挑選四季豆時，要選擇豆莢細膩翠綠、豆粒不突出者較為新鮮。

地瓜

又名甘藷、番薯。內含高達百分之四十的纖維素，可刺激腸胃蠕動，促進排泄，預防便祕。地瓜為「生理鹼性」食品，可中和體內酸性物質，有助於平衡體內血液酸鹼質，減輕人體代謝負擔。

天婦羅

■ 材料

茄子 ························1條　　　竹筍 ························1塊
香菇 ························6朵　　　紅甜椒 ·····················1個
豌豆莢 ················ 50公克

■ 調味料

A 麵衣

　麵衣製作

　　蛋黃 ······2個

　　水 ······350cc

　　麵粉 ······200公克

B 高湯 ······3大匙

　醬油 ······1大匙

　味醂 ······1大匙

C 白蘿蔔泥 ······1大匙

■ 作法

1. 茄子洗淨，對切再切成扇形，先泡水；香菇去蒂、洗淨。

2. 竹筍洗淨、去殼、切片；紅甜椒洗淨、去籽，切長條塊；豌豆莢去老梗、洗淨。

3. 蛋黃加水先拌勻，再加入麵粉，以筷子攪拌就好，不要用力拍打，否則會產生筋度與黏性，口感會較差。

4. 依序炸茄子、香菇、竹筍，最後炸紅甜椒及豌豆莢（因較不易熟），速度會快一些。若裹上麵衣炸，油溫要較乾炸高一些，所以要控制得宜，才不會失敗。

5. 炸好之後以吸油紙吸乾多餘油漬，附上調味B與C即可上桌。

Advice 天婦羅的食材可多元選擇搭配，建議使用新鮮食材。

麵火

可使用麵粉、太白粉、地瓜粉、泡打粉、玉米粉等製作麵衣，而使用不同的粉類，即會產生不同的口感。如麵粉製作出的麵衣較為厚實，地瓜粉可增加酥脆感，泡打粉則較膨鬆，玉米粉則使口感較綿密，可依個人喜好選用。

海苔山藥拼

■ 材料

白山藥 ·············· 150公克	綠紫蘇葉 ·················5片
紫山藥 ·············· 150公克	蛋白 ·······················2個
紫菜 ·······················2張	

■ 調味料

A 熟白芝麻 ······1大匙
   鹽 ······1大匙

B 太白粉 ······2大匙
   卡士達粉 ······1大匙

■ 作法

1. 山藥洗淨、去皮,切成四公分長條,浸泡於鹽水中二十分鐘,取出擦乾水分。

2. 拌勻調味料**B**,再將山藥加入拌均勻。

3. 紫菜及綠紫蘇葉均洗淨切成細絲。

4. 拍掉作法2多餘的粉後,沾上蛋白,再各自裹上紫菜及綠紫蘇葉,放入160℃油鍋中炸酥,取出後瀝乾油漬,擺盤後附上調味料**A**,或直接撒上都可以。

Advice 油炸時切記不可一次放太多山藥,否則品質會很差。

紫山藥

山藥可分為白山藥和紫山藥,兩者的營養成分相似,但紫山藥可成為配色素材。不論白山藥或紫山藥,在去皮後都會有一層黏膜,若肌膚較敏感者接觸到會容易發癢。

杏仁洋芋拼

■ 材料

馬鈴薯（洋芋）…………2個　　蘇打餅乾………………8片
芋頭……………………1個　　雞蛋……………………2個
杏仁片…………………半杯　　麵粉……………………2大匙

■ 調味料

A 太白粉……2大匙
　卡士達粉……1大匙
B 綠茶粉……1大匙
　鹽……1大匙

■ 作法

1. 馬鈴薯、芋頭洗淨、去皮、切片後蒸熟，搗成泥，各拌入半匙鹽，待涼。

2. 將調味料A拌勻。拍碎蘇打餅乾備用。

3. 將作法1蒸熟的馬鈴薯、芋頭各拌入一匙的麵粉拌勻，做成圓球形，表面沾調味料A，再沾蛋液，各沾上杏仁片及蘇打餅乾碎屑，放入160℃油鍋內炸至浮起，大火搶酥，撈出瀝乾油漬，擺盤後附上調味料B即可。

Advice 蒸熟的馬鈴薯及芋頭要趁熱搗成泥，但要等涼了才可以拌入麵粉。

脆皮豆腐

■ **材料**

木棉豆腐	2塊	麵包粉	1杯
白蘿蔔	1塊	太白粉	1杯
雞蛋	2個		

■ **調味料**

A 辣椒粉……½大匙
B 昆布高湯……2大匙
　醬油……½大匙
　味醂……½大匙
（拌勻製成沾醬）

■ **作法**

1. 豆腐切成長方形塊狀，放在木板上先讓豆腐瀝掉一些水分。

2. 將作法1的豆腐塊沾上太白粉，再拍掉多餘的粉，沾上蛋汁，再沾上麵包粉。

3. 放入180℃的熱油中，炸至浮出油面成金黃色時撈起，排盤。

4. 白蘿蔔洗淨、去皮磨成泥取兩大匙，拌入調味料**A**，連同煮勻的調味料**B**一同附上。

木棉豆腐

木棉豆腐與絹豆腐為日本人最常食用的兩種豆腐。豆漿凝固後，去除上層澄清部分者為木棉豆腐，保留澄清部分的則是絹豆腐。木棉豆腐水分少、較粗、較硬，所以生食選用絹豆腐，煮食則選用木棉豆腐。

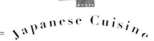

素炸魚捲

■ 材料

香菇	3朵	香菜	2株
胡蘿蔔	30公克	蛋黃	1個
荸薺	6個	薑泥	1大匙
素鱈魚漿	150公克	白蘿蔔泥	1大匙
馬鈴薯泥	100公克	豆腐皮	3張

■ 調味料

A 鹽……¼大匙
  太白粉……1大匙
B 麵粉……半杯
  水……⅖杯
C 高湯……2大匙
  醬油……½大匙
  味醂……½大匙

■ 作法

1. 香菇、胡蘿蔔洗淨、切絲，汆燙漂涼；香菜洗淨、切末；荸薺洗淨、去皮、拍碎。

2. 素鱈魚漿、馬鈴薯泥倒入鋼盆內，加入作法1的材料及調味料A拌勻。

3. 豆腐皮攤開，放入作法2的餡料，鋪平捲成長條狀。

4. 調味料B加入蛋黃，拌勻調成麵衣，均勻地沾裹在作法3的材料上，放入150℃的熱油中炸至浮出油面成金黃色撈出，切段擺盤，附上薑泥與白蘿蔔泥拌勻的配料及調味料C的沾汁即可。

Advice 油豆腐皮容易焦，所以油溫不可太高。

香菜

香菜因葉片所散發出強烈氣味而得名，又被稱為芫荽、胡荽。多為菜餚中的配菜，其中具有相當豐富的營養成分，如大量的礦物質、維生素C與胡蘿蔔素，有助於促進食欲與消化，改善生理痛。

燒烤蒟蒻

■ 材料

蒟蒻片（長方形）⋯⋯2片
白果⋯⋯⋯⋯⋯⋯⋯8粒
沙拉油⋯⋯⋯⋯⋯⋯1大匙

■ 調味料

昆布高湯⋯⋯⋯⋯⋯⋯1杯
醬油⋯⋯⋯⋯⋯⋯⋯2大匙
味醂⋯⋯⋯⋯⋯⋯⋯2大匙

■ 作法

1. 蒟蒻在表面切格子刀法，放入開水中氽燙，以去腥味。
2. 乾鍋放入一匙沙拉油，將蒟蒻兩面煎至焦黃，去乾水分。
3. 調味料煮開放入蒟蒻與白果煮至入味，取出放在烤爐上烤至
   焦香，再一邊烤一邊塗上煮汁，直至有光澤為止即可。
4. 食用時切小塊，可當前菜或下酒菜。

 Advice 事前氽燙蒟蒻一定要徹底，以清除腥味，才不會影響後續
的燒烤味道。

味噌烤豆腐

■ 材料

豆腐 ······················2塊　　　竹叉 ·······················1根

九層塔葉 ················ 數片

■ 調味料

A 白味噌 ······100公克

　 細糖 ······15公克

　 蛋黃 ······1個

　 昆布高湯 ······30cc

B 紅味噌 ······50公克

　 白味噌 ······50公克

　 細糖 ······50公克

　 蛋黃 ······1個

　 酒釀 ······2個

C 白味噌 ······100公克

　 九層塔末 ······1大匙

　 味島香鬆 ······1大匙

■ 作法

1. 豆腐先瀝乾水分（放木板上或使用布包裹放在網架上面，放托盤再放重物略壓）。分別將調味料A、B調拌均勻，調味料C先將九層塔切末再與其他材料調拌均勻。

2. 一大塊豆腐切成五塊的厚片，利用竹籤串起，分別塗上A、B、C三種拌勻的醬料，呈現三種不同的顏色。

3. 放進烤爐，烤到呈焦色，味噌的香味自然就會散發出來，盛盤後擺上九層塔即可上桌。

Advice 必須選擇口感綿密的豆腐，不要太硬的。

九層塔

其獨特的香味，具有開胃、促進食慾的功能，所以多作為菜餚的調味之用；但孕婦、哺乳期婦女及嬰兒皆不宜食用。挑選九層塔時，應選擇葉片無蟲害、新鮮且香味濃郁者。

牛蒡干瓢燒烤

■ 材料

牛蒡 ························· 2根

白芝麻 ··················· 1大匙

干瓢 ·························· 4條

（每條長約120公分）

■ 調味料

A 昆布高湯 ······ 4杯

醬油 ······ 6大匙

味醂 ······ 6大匙

B 醬油 ······ 半杯

味醂 ······ ¼杯

麥芽糖 ······ 1大匙

■ 作法

1. 牛蒡去皮、切條（如筷子長度）泡入水中二十分鐘，取出。

2. 使用干瓢綁緊五小條牛蒡，上頭再插幾枝牙籤固定，以免鬆脫。

3. 將調味料A放入鍋中，放入牛蒡捲，煮至入味即可取出。

4. 另起鍋調味料B放入鍋中，煮至剩兩成，濃縮成烤醬汁。

5. 將作法3的牛蒡捲放上烤爐，一邊烤一邊刷調味料B，讓醬汁收乾，以小火慢烤，烤出漂亮的光澤。食用時抽掉牙籤，撒上白芝麻。

Advice 牛蒡一定要以干瓢固定好，且要開小火煮，煮入味才好吃。

牛蒡

又名牛大力子。充足的水分、蛋白質、維生素A、B1、C、礦物質及膳食纖維，能清除體內廢物，增強體內循環，促進新陳代謝，降低體內膽固醇，預防與改善動脈硬化與便祕。

竹葉烤素魚

■ **材料**

素秋刀魚 ⋯⋯⋯⋯⋯⋯3條   竹葉 ⋯⋯⋯⋯⋯⋯⋯⋯6張
腰果 ⋯⋯⋯⋯⋯⋯ 50公克   固定繩 ⋯⋯⋯⋯⋯⋯⋯9條

■ **調味料**

A 紅味噌 ⋯⋯50公克
　 細糖 ⋯⋯30公克
　 蛋黃 ⋯⋯1個
　 酒釀 ⋯⋯1大匙
B 醬油 ⋯⋯2大匙
　 味醂 ⋯⋯2大匙
　 糖 ⋯⋯1大匙
　（所有材料煮成濃汁，
　 濃縮為約2大匙）

■ **作法**

1. 拍碎腰果，拌入調味料A中，拌勻。
2. 從背部切開素秋刀魚，攤平中間放入作法1後，再將原已切開的魚片合而為一，然後放上烤盤，塗上調味料B，以250℃烤二十分鐘取出。
3. 以竹葉包裹作法2，每條魚使用2片竹葉包裹，再取3條固定繩固定，最後放進烤爐烤至竹葉呈焦色，兩面要烤均勻，取出，會有很濃的竹葉香。

Advice 也可使用野薑花葉包裹，味道也不錯。

腰果

又名樹花生、介壽果。雖然腰果為高脂肪食材，但脂肪中百分之七十以上皆為不飽和脂肪酸，適度食用不但不會發胖，還可軟化血管、預防心血管疾病、提高抗病力。

酒釀

又稱醪糟、江米酒。酒釀是由糯米與酒麴發酵而成的，在釀造過程各種養分已分解為人體容易吸收的小分子營養精華。多食用能促進血液循環，改善手腳冰冷，幫助消化，滋補強身。

燒烤素鰻

■ **材料**

豆包 ················· 4片　　白芝麻 ················· 2大匙
紫菜 ················· 2張　　麵糊 ················· 半杯

■ **調味料**

醬油 ················· 半杯　　麥芽糖 ················· 2大匙
味醂 ················· ¼杯

■ **作法**

1. 紫菜對切為二，塗上麵糊，貼上豆包，放在托盤上，上面再壓上另一個托盤，以重物壓上三十分鐘。

2. 調味料煮至濃縮成一半，先取出作法1的材料後，泡入調味料內五分鐘後取出，放置烤爐的網架上，一邊烤再一邊塗上調味料，待出現光澤時，撒上白芝麻，再烤至白芝麻香味溢出即可。

Advice 豆包貼上紫菜時麵糊不可太濕，然後壓置也不能有水分溢出。

　豆包

豆漿上面凝結的一層蛋白質，就是豆皮，豆皮摺疊後，即為豆包。挑選豆包時，以聞起來無酸味，且表面不黏滑者較為新鮮。

昆布風味鹽烤

■ 材料

白果 ························10粒　　　百合 ·························1顆

杏鮑菇 ···············3個(中)　　　昆布 ·························1片

■ 調味料

鹽 ·························適量

■ 作法

1. 先在鍋裡炒乾鹽，炒熱後放在砂鍋裡。

2. 昆布以水泡開，再放在烤網上，兩面烤至香味溢出後，置於作法1的鹽上。

3. 杏鮑菇洗淨切成四份，百合剝開為片，與白果放上烤網烤至焦黃，再噴少許水，撒上鹽，續烤至焦香味溢出，即可取出放在昆布上，具有另一番風味，且有保溫的效果。

Advice 此種鹽烤必須選擇較乾爽的食材，才不會有湯汁流出，香味盡失。

杏鮑菇

肉質肥厚，質地細膩，口感脆嫩，並有獨特的杏仁味。營養豐富，具多種維生素，脂肪含量極少，豐富的膳食纖維質，可減少熱量及脂肪的吸收。對肥胖者、糖尿病、高血壓等慢性病人，是優良的養生食材。

百合

性平，味甘，含蛋白質、脂肪、膳食纖維、維生素C、E等。可幫助治療慢性支氣管炎、潤肺止咳、失眠；但其鉀含量較高，腎臟功能較差者，不宜食用過多。

蒸燴苦瓜餅

■ **材料**

豆腐 ························1塊
苦瓜 ························1條
素火腿 ················ 50公克
素魚子 ················ 50公克
香菜 ························1株
雞蛋 ························2個

■ **調味料**

A 鹽 ······1大匙
　胡椒粉 ······¼大匙
　味醂 ······1大匙
B 昆布高湯 ······半杯
　醬油 ······1大匙
　味醂 ······1大匙
　太白粉 ······1大匙

■ **作法**

1. 苦瓜洗淨、去籽後切丁，汆燙後漂涼。
2. 素火腿、素魚子切丁，以熱鍋爆香，再加入苦瓜丁續炒，最後加入碎豆腐，拌勻後加入調味料A，再拌勻。
3. 取一個扣碗，鋪上保鮮膜，在作法2的材料中加入一個雞蛋，拌勻放入碗中，另外一個蛋打勻淋在上面，放入蒸籠蒸約十二分鐘取出，扣在另外一個深盤裡。
4. 煮開調味料B，勾芡後淋上，再撒上香菜即可。

Advice 蒸苦瓜餅時如果沒有鐵口碗，也可以改用瓷碗。

苦瓜

富含維生素C，相當於蘋果的十七倍，居瓜類之冠，故能促進皮膚的新陳代謝，癒合傷口，加強免疫力。屬寒性食材，可去熱、消暑、降火、消腫等，適合夏季食用。
苦瓜的色澤愈綠、愈嫩，苦味就愈重，若不喜歡苦味，則可挑選白苦瓜。

蒸燴玉米豆腐

■ 材料

盒裝豆腐	1盒	綠色花椰菜	1朵
玉米粒	半杯	碧玉筍	1枝
玉米醬	半杯	紅辣椒	半根

■ 調味料

A 鹽……1大匙

胡椒粉……少許

玉米粉……半杯

B 昆布高湯……半杯

淡色醬油……2大匙

味醂……1大匙

太白粉……1大匙

■ 作法

1. 豆腐磨成泥，拌入玉米粒及玉米醬，加入調味料A拌勻。

2. 托盤鋪上保鮮膜，放入作法1的材料，鋪平後入鍋蒸二十分鍾，取出待涼後切成長方塊，沾上乾太白粉，放入170℃的油鍋內，炸酥至金黃色，即可取出放在碗內。

3. 碧玉筍洗淨、去殼、切絲；紅辣椒洗淨、去籽、切絲。

4. 綠色花椰菜洗淨、汆燙後放入碗內，再煮勻調味料B，勾芡後淋上，再以碧玉筍絲及紅辣椒絲點綴即可。

Advice 點綴的配菜也可放香菜與辣椒絲搭配。

碧玉筍

由栽培金針的方法，進行改進與研發出的新產品。以黑色塑膠布覆蓋金針上，約兩週後進行採收。無農藥殘留、高品質、口感清脆甘甜、高纖維質為碧玉筍的特點。

綠色花椰菜

營養價值極高，除富含維生素A、C、K、胡蘿蔔素、纖維質……等營養成分，更被證實具有預防癌症之功效，多食可增強抵抗力。

素芋香肉丸掛麵燒

■ 材料

芋頭 ·················· 150公克　　芹菜 ······················· 2根
素肉漿 ·············· 100公克　　乾細麵 ················· 1小把
荸薺 ····················· 6個　　豌豆莢 ···················· 4片

■ 調味料

A 鹽 ····· ½大匙
　味醂 ····· 1大匙
　太白粉 ····· 1大匙
B 昆布高湯 ····· 半杯
　淡色醬油 ····· 2大匙
　味醂 ····· 1大匙

■ 作法

1. 芋頭洗淨、去皮,切片蒸熟,搗成泥;荸薺洗淨拍碎;芹菜洗淨、切末。

2. 作法1拌入素肉漿及調味料A製成丸子形狀。

3. 細麵條切細小段,再將丸子裹上細麵條,放入160℃的油鍋內炸熟,瀝乾油後,放入碗中。

4. 豌豆莢洗淨,汆燙至熟,一起放入。

5. 煮開調味料B後,直接倒入碗中即可。

Advice 此道菜湯汁不勾芡,別有風味。丸子外酥內嫩,配上清湯汁口感更棒。

荸薺

又名馬蹄、馬薯、地栗。肉質潔白、氣味清甜、口感爽脆多汁,具有清熱解渴、利尿通便、幫助消化、降低血壓、預防感冒等功效,但脾腎虛寒、易瘀血、消化功能較差者,不宜食用。

芹菜

富含蛋白質、維生素A、C、B1及氯、鈉等,具有促進新陳代謝、增進食欲、刺激腸胃蠕動、降低膽固醇、降低高血壓、預防動脈硬化等功效,但腸胃較弱者不適合直接食用,應改飲用芹菜汁。

飄香可樂餅

■ **材料**

素蝦仁 ························6隻
栗子（已去殼）·········6個
馬鈴薯 ····················2個
白蘿蔔 ····················1小塊

芹菜 ·························2根
雞蛋 ·························1個
麵包粉 ·················· 半杯

■ **調味料**

A 鹽 ······1大匙
　味醂 ······½大匙
　麵粉 ······1大匙
　太白粉 ······1大匙
B 甜辣醬 ······少許

■ **作法**

1. 馬鈴薯洗淨、去皮，切片後入鍋蒸，蒸熟後取出搗成泥；栗子也蒸熟。
2. 白蘿蔔洗淨、去皮、切細絲，泡入水中；芹菜洗淨，取十五公分長兩根。
3. 作法1的材料拌入調味料A，拌勻後分成六份，包入栗子，鑲上素蝦仁，沾上太白粉、蛋汁，再沾麵包粉，放入160℃的熱油中炸酥，炸成金黃色即可取出。
4. 盤中倒入一些甜辣醬，放入作法3的金黃可樂餅，以芹菜及白蘿蔔絲作為裝飾。

Advice 油炸時油溫不要太高，否則容易焦黑。

栗子

又大栗、毛栗子、板栗。除高含量的蛋白質、澱粉和糖，並含有胡蘿蔔素、多種維生素與礦物質鈣、磷、鐵等元素，可預防骨質疏鬆、動脈硬化、高血壓，但糖尿病患不可食用過量，避免造成血糖的起伏。

土瓶蒸

■ 材料

白果	6粒	素蝦仁	3隻
紅棗	3個	芥菜心	2片
蘑菇	6朵	巴西蘑菇	1朵

■ 調味料

昆布高湯	2杯	鹽	½大匙
淡色醬油	1大匙	味醂	少許

■ 作法

1. 白果、紅棗及蘑菇洗淨後先汆燙；芥菜心汆燙後一起放入土瓶內，上面放素蝦仁及巴西蘑菇。
2. 煮開調味料後倒入土瓶內，蓋上蓋子。放入蒸籠，蒸十五分鐘，取出即可上桌。

 Advice 如果使用新鮮的松茸菇，作出來的湯頭也會很棒。

紅棗
含有蛋白質、脂肪、糖類、維生素A、C、有機酸及多種氨基酸等，具有補氣養血、保護肝臟的功能。若腸胃較弱者經常食用，則可改善腸胃功能。

巴西蘑菇
又稱姬松茸。多糖體的含量高於一般的菇類，可預防腫瘤的產生。豐富的纖維質可吸收體內多餘的膽固醇及油脂，還可舒緩血管的收縮，調整血壓，改善心血管疾病。

Japanese Cuisine

鄉村蒸雜煮

■ 材料

年糕	2塊	竹筍	1塊
香菇	2朵	粉絲	5公克
厚片素鮑魚	3片	芹菜	2根
厚片素火腿	3片		

■ 調味料

昆布高湯	400cc	鹽	少許
淡色醬油	1又½大匙	味醂	½大匙

■ 作法

1. 年糕烤至微焦，每塊均再切成兩塊；香菇、芹菜先洗淨、汆燙；竹筍洗淨、去殼、切片、汆燙。

2. 碗內先放粉絲，再排上所有材料，然後將素鮑魚排在最上面。

3. 煮勻調味料，倒至碗內，蓋上蓋子，放入蒸籠，蒸二十分鐘，取出即可食用，味道鮮美且湯汁清澈。

Advice 調味湯汁一定要先煮開再倒入，才能縮短蒸煮的時間。

茶碗蒸

■ 材料

素魚板 ························2片　　香菇 ·······················1朵
百合 ························5片　　素蝦仁 ·····················1隻
白果 ························2粒　　雞蛋 ·······················1個

■ 調味料

昆布高湯 ················180cc　　鹽 ························少許
淡色醬油 ················1大匙　　鮮奶 ·····················1大匙

■ 作法

1. 香菇、百合、白果洗淨、汆燙，取出放在碗裡。
2. 素魚板片及素蝦仁放進碗內。
3. 雞蛋打勻，加調味料拌勻，以濾網過濾蛋汁，再倒入碗內，放入蒸籠，以大火蒸六分鐘，熄火燜十分鐘後取出即可。

Advice 以大火蒸六分鐘後，熄火燜十分鐘，這個過程絕對不能動蒸籠蓋，否則就前功盡棄了。

白果

白果的種子含有澱粉、蛋白質、維生素B12及多種氨基酸，而外皮則具有毒性，所以不可生食。雖白果具有藥用價值，且被視為中藥藥材，但孕婦、幼兒、消化不良者不宜食用。

味噌湯

■ 材料

豆腐 ····················· 1塊
芹菜 ····················· 2根
高麗菜葉 ················· 2片

胡蘿蔔 ····················· 2片
乾海帶芽 ················· 少許

■ 調味料

味噌 ··············· 1又½大匙
鹽 ····················· 少許

昆布高湯 ················· 450cc

■ 作法

1. 豆腐切丁；芹菜洗淨、切末；高麗菜、胡蘿蔔洗淨、切丁。
2. 味噌加入高湯，打散後加入鹽調味，煮開。
3. 放入所有材料，再次煮開後，加入海帶芽，再略煮三分鐘即可關火。

Advice 請勿煮太久，久煮反而會使湯汁變色，香味變淡。

豆皮壽司

■ **材料**

壽司米 ················ 300公克   黑芝麻 ················ 1大匙

壽司豆皮 ··············· 20個   甜薑 ················ 少許

■ **調味料**

壽司醋 ··············· 60cc

■ **作法**

1. 壽司米洗淨，加入270cc水，泡三十分鐘。

2. 作法1放入電鍋煮熟，開關跳起不掀鍋，先燜十分鐘，拔去電源後再燜十分鐘，取出。

3. 取一木盆，放入熟飯，趁熱加入壽司醋，以木杓將米飯拌勻，一旁要準備一台電扇，一邊拌一邊吹涼，直到米飯完全涼為止。

4. 豆皮翻面，右手抓飯團，塞入後再整形，沾上黑芝麻即可盛盤，甜薑切片放置一旁。

Advice 拌飯時，不可將飯粒壓破，要採取斜切的方法。

豆皮

為黃豆製成的豆漿，其上方所凝結的一層蛋白質即是豆皮，挑選時以聞起來無油味者，為較新鮮的食材。痛風或尿酸過高者，則不宜吃過多豆類食品。

紫菜壽司

■ 材料

壽司米 ⋯⋯⋯⋯⋯ 300公克	胡蘿蔔 ⋯⋯⋯⋯⋯⋯1根
紫菜 ⋯⋯⋯⋯⋯⋯3張	沙拉醬 ⋯⋯⋯⋯⋯⋯1包
素火腿 ⋯⋯⋯⋯⋯3小條	素肉鬆 ⋯⋯⋯⋯ 100公克
小黃瓜 ⋯⋯⋯⋯⋯1條	甜薑 ⋯⋯⋯⋯⋯⋯少許
香菇 ⋯⋯⋯⋯⋯⋯6朵	

■ 調味料

壽司醋 ⋯⋯⋯⋯⋯60cc

■ 作法

1. 壽司飯作法同豆皮壽司。
2. 小黃瓜洗淨，每條縱切成四份；胡蘿蔔洗淨，切與火腿一樣長條狀，汆燙至熟。
3. 香菇洗淨、去蒂，先滷過，切成條。
4. 竹簾先鋪上保鮮膜，放上紫菜，將壽司飯平均鋪上，留一公分不要鋪飯。
5. 再放入素火腿、香菇、胡蘿蔔、小黃瓜，淋上沙拉醬，撒上素肉鬆，拉著竹簾捲起、捲緊。食用時將捲好的壽司條切厚片，排盤，甜薑切片擺旁邊。

Advice 材料必須放在中間靠前端的部位，捲起時一口氣蓋過材料，邊壓邊捲才會緊。可藉由拉緊兩頭的保鮮膜，幫助將壽司作得更紮實。

紫菜

含有蛋白質、脂肪、粗纖維、鈣、磷、鐵、碘維生素B12。常食用可增強記憶力，促進骨骼成長，防止色素沉澱，幫助造血，預防貧血，降低膽固醇、血壓。

花壽司

■ **材料**

壽司米	300公克	煎蛋	1塊
紫菜	3張	沙拉醬	1包
素火腿	3小條	海苔粉	2大匙
小黃瓜	1條	白芝麻	1大匙
香菇	6朵	胡蘿蔔	1根
素蟹肉棒	6條	甜薑	少許

■ **調味料**

壽司醋……………………60cc

■ **作法**

1. 壽司飯作法同豆皮壽司。

2. 小黃瓜洗淨，每條縱切成四份；胡蘿蔔洗淨、切長條，燙熟；香菇洗淨、去蒂，滷入味後切條。

3. 竹簾**A**上放一張紫菜，鋪上壽司飯（全鋪滿），撒上海苔粉及白芝麻，蓋上保鮮膜，以另一張竹簾**B**蓋上翻片。拿開竹簾**A**，放上所有材料，淋上沙拉醬後捲起，要捲緊，再將兩頭保鮮膜拉緊即可。

4. 食用時切片、排盤，甜薑切片、擺旁邊，小黃瓜切花，以高麗菜絲、碧玉筍絲作為擺飾。

Advice 花壽司有多種變化，外層食材可依色澤、香味進行選擇，內層的材料也一樣可以多變化。

壽司米

一般指的是日本種的精米。其米粒較白且短小，但水含量高，黏性強，適合製作壽司。台灣則多以蓬萊米來作壽司，可依個人喜好，選用適合的米類。

五環壽司

■ 材料

壽司米 ················· 300公克   蟹肉棒 ··················· 4條
紫菜 ····················· 5張   小黃瓜 ··················· 2條

■ 調味料

A 壽司醋 ············· 60cc   B 紅麴醬 ················· 2大匙

■ 作法

1. 壽司飯作法同豆皮壽司。
2. 壽司飯分成兩份,一份原味,另一份拌紅麴醬。
3. 小黃瓜洗淨,每條縱切成六份;取紫菜兩張,各切成三份。
4. 小張紫菜鋪上紅麴壽司飯,放上小黃瓜,捲緊,作五條。
5. 小張紫菜鋪上紅麴壽司飯,放上蟹肉棒捲緊,作一條。
6. 大張紫菜鋪上原味壽司飯,留一公分不鋪飯,然後排上五條小黃瓜捲,中間一條蟹肉棒捲,再把它捲起來、捲緊,兩頭保鮮膜也捲緊。食用時切厚片,形狀美觀色澤也漂亮,盛盤時將甜薑切片放在一旁。

Advice 一定要試作看看,這樣的壽司很有創意哦!

壽司醋

可購買市售的壽司醋,或將白醋、白糖、鹽攪拌均勻自製壽司醋。壽司醋除了殺菌的功用,還能幫助預防動脈硬化和高血壓。

自然食趣 22

輕鬆作超好吃の日式素料理（暢銷新版）

作　　者／陳穎仁
發 行 人／詹慶和
總 總 輯／蔡麗玲
執行編輯／李宛真
編　　輯／蔡毓玲・劉蕙寧・黃璟安・陳姿伶・李佳穎
執行美編／韓欣恬
美術編輯／陳麗娜・周盈汝
出 版 者／養沛文化館
發 行 者／雅書堂文化事業有限公司
郵政劃撥帳號／18225950
戶　　名／雅書堂文化事業有限公司
地　　址／新北市板橋區板新路206號3樓
電子信箱／elegant.books@msa.hinet.net
電　　話／（02）8952-4078
傳　　真／（02）8952-4084

2017年09月二版一刷　定價／280元

經銷／易可數位行銷股份有限公司
地址／新北市新店區寶橋路235巷6弄3號5樓
電話／（02）8911-0825
傳真／（02）8911-0801

國家圖書館出版品預行編目(CIP)資料

輕鬆作超好吃の日式素料理(暢銷新版) /
陳穎仁著.-- 二版. -- 新北市：養沛文化
館出版：雅書堂文化發行, 2017.09
　面；　公分. -- (自然食趣；22)
ISBN 978-986-5665-48-7(平裝)

1.素食食譜 2.日本

427.31　　　　　　　　　　106014270

Japanese Cuisine

Japanese Cuisine